BRIDE
MAKEUP
HAIRSTYLE

新娘妆容造型
技法解析
与跟妆指南

筱琴／编著

人民邮电出版社

北　京

图书在版编目（CIP）数据

新娘妆容造型技法解析与跟妆指南 / 筱琴编著. --
北京 : 人民邮电出版社，2018.6
ISBN 978-7-115-48426-0

Ⅰ．①新… Ⅱ．①筱… Ⅲ．①女性－结婚－化妆－造
型设计－指南 Ⅳ．①TS974.12-62

中国版本图书馆CIP数据核字(2018)第095616号

内 容 提 要

　　本书通过对大量新娘的婚礼妆容造型进行归纳总结编写而成。本书的内容包括星级定制新娘妆容解析、星级定制新娘造型解析、手工饰品、婚礼新娘跟妆，以及化妆刷相关知识。书中不仅有大量带有详细步骤讲解的案例，还有很多作品欣赏和分析。读者通过学习本书，可以提高化妆造型综合水平，同时可以举一反三，更加得心应手地打造出适合新娘的妆容造型。

　　本书适合婚礼跟妆师、新娘化妆造型师使用，同时也可以作为化妆造型培训机构的参考书。

◆ 编　　著　筱　琴
　　责任编辑　赵　迟
　　责任印制　陈　犇

◆ 人民邮电出版社出版发行　　北京市丰台区成寿寺路 11 号
　　邮编　100164　电子邮件　315@ptpress.com.cn
　　网址　http://www.ptpress.com.cn
　　天津市豪迈印务有限公司印刷

◆ 开本：889×1194　1/16
　　印张：15.5　　　　　　　　2018 年 6 月第 1 版
　　字数：548 千字　　　　　　2018 年 6 月天津第 1 次印刷

定价：118.00 元

读者服务热线：(010)81055410　印装质量热线：(010)81055316
反盗版热线：(010)81055315
广告经营许可证：京东工商广登字 20170147 号

前言
PREFACE

　　在开始被出版社邀请写书的时候，我的内心是兴奋的，也是犹豫的。虽然我有着丰富的新娘造型实践经验，但是我并不是专业的课程导师，对于书面表达、内容策划等并不擅长。最终决定编写这样一本化妆造型技法解析的图书，是因为我想把这么多年的心得、体会以及造型技巧都分享给大家，也希望能够挑战自己。这本书适合零基础的读者，我把每一个化妆造型的技巧和步骤都进行了详细的介绍，推荐了实用的化妆单品，还讲解了选择化妆工具的方法，最重要的是分享了与新娘沟通的技巧，以及如何提升新娘的服务体验。我一直认为，星级定制妆容造型和星级服务体验是相辅相成的，只有两者统一，才能让新娘在婚礼当天达到最好的状态，也能让我们获得最大的成就感。

　　从一开始就知道写一本书不容易。历时半年，我克服了重重困难，终于完成了本书的编写工作。我首先要感谢@阳明婚礼视觉的鼎力支持，书中每一个案例的照片都是由阳明老师进行拍摄和后期处理的；也要感谢各位模特的配合；当然还要感谢工作室每一位小伙伴的幕后付出，谢谢你们陪我走到现在，完成了我们的心血之作。

　　希望本书能帮助初入化妆造型行业的每一位努力而有梦想的你们。我们一起加油吧！

筱琴

2018年1月

目 录
contents

01

星级定制新娘妆容解析

1.1 清新自然新娘妆　008
1.2 日系氧气新娘妆　013
1.3 明星质感新娘妆　020
1.4 复古欧式新娘妆　030
1.5 中式古风新娘妆　036
1.6 人鱼姬新娘妆　044
1.7 "心机"裸妆小丑底妆　047

02

星级定制新娘造型解析

2.1 空气感编发及饰品搭配　052
2.2 清新田园编发及饰品搭配　066
2.3 灵动抽丝盘发及饰品搭配　079
2.4 森系甜美发型及饰品搭配　094
2.5 自然清新随意披发及饰品搭配　110
2.6 东方优雅裹发及饰品搭配　122
2.7 轻盈发辫造型及饰品搭配　130
2.8 韩式婉约造型及饰品搭配　140
2.9 优雅宫廷盘发及饰品搭配　150
2.10 轻复古造型及饰品搭配　160

2.11　复古经典造型及饰品搭配　　　　　170

2.12　极简俏皮编发及饰品搭配　　　　　180

2.13　轻奢高贵卷发及饰品搭配　　　　　188

2.14　可爱创意盘发及饰品搭配　　　　　198

2.15　新中式秀禾造型及饰品搭配　　　　202

2.16　新中式古风造型及饰品搭配　　　　210

03

手工饰品

3.1　巴洛克金色叶子头饰　　　　　218

3.2　仙美空气感羽毛花朵　　　　　222

3.3　灵动立体珠花饰品　　　　　　224

3.4　复古丝绒花朵饰品　　　　　　226

04

婚礼新娘跟妆

4.1　成为新娘化妆师的三个要素　　　　　230

4.2　婚礼前期沟通　　　　　　　　　　　234

4.2.1　试妆最佳时间和细节步骤　　　　237

4.2.2　除了化妆造型以外，我们能做得更多　　239

4.3　轻松实现"星级定制"　　　　　　　240

4.3.1　新娘婚礼妆容造型和婚纱照妆容造型的区别　　240

4.3.2　一定要满足的"五感"　　　　　241

05

化妆刷相关知识

5.1　化妆刷的基本认识和选择　　　　　246

5.1.1　常见的刷毛材质　　　　　246

5.1.2　选择化妆刷的技巧　　　　247

5.2　化妆刷的清洁与保养　　　　　　　247

星级定制新娘
妆容解析

清新自然新娘妆
日系氧气新娘妆
明星质感新娘妆
复古欧式新娘妆
中式古风新娘妆
人鱼姬新娘妆
"心机"裸妆小丑底妆

1.1

清新自然新娘妆

清新自然妆容并不代表化妆程序简单，而是妆感更加精致、细腻。每一位新娘独特的气质都值得被尊重和展现。在打造妆容的时候，应扬长避短，不要过多修改新娘的五官特点，而要让新娘从内心深处感受、接纳和欣赏自己的美。那一份自信也是我们送给新娘最好的礼物。

Step 01

完成底妆后，用眼影刷蘸取珠光浅米色眼影，涂抹上下眼窝和眼部四周，起到提亮眼周的作用。

Step 02

用另一支小号眼影刷蘸取珠光香槟金色眼影，平涂在眼窝处，范围不可超过提亮色，晕染要自然。下眼影晕染到后三分之二处即可。

Step 03

观察眼形，剪取长度和宽度合适的双眼皮贴。贴上以后，用香槟金色的眼影晕染，使之与肤色融合。也可以在上粉底之前粘贴双眼皮贴，这样会更加自然。

Step 04

让新娘保持双眼平视前方的状态，检查双眼皮贴是否隐藏得自然。不能出现露边现象。

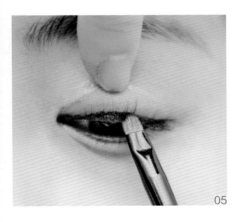

Step 05

将上眼睑微微向上提拉，用眼线刷蘸取深棕色或黑色眼线膏，在睫毛根部画眼线。注意只需勾画内眼线。

Step 06

用眼线液笔描边，把不平整的地方填补好，让眼线看起来流畅、自然。

Step 07

让新娘眼睛往下看，微微提拉上眼睑，分三段夹睫毛。在贴近根部的位置用七分力，在睫毛中部用五分力，在睫毛尾部用三分力，使睫毛卷翘且弧度自然。

Step 08

选择自然款的假睫毛，紧挨真睫毛根部进行粘贴，让真假睫毛自然结合，避免分层。用较小的睫毛膏刷头蘸取睫毛膏，以少量多次的方式轻刷下睫毛。

Step 09

如果睫毛粘在一起，用睫毛梳梳开，使其根根分明。

Step 10

用眉笔沿着眉毛生长的方向进行描画。注意眉峰不宜过高，眉头要自然。

Step 11

用眉刷沿着眉毛生长的方向进行查缺补漏，并且微微晕染，使眉毛呈有形无边的效果。

Step 12

用眉刷或螺旋刷扫掉余粉，梳理眉毛，使眉形清晰，眉毛根根分明。

Step 13

微微涂刷一些米咖啡色的鼻侧影，从眉头竖直向下延伸，使五官显得更加立体、有轮廓感。

Step 14

用腮红刷蘸取橙色的腮红，轻刷颧骨最高处，慢慢向四周晕染。切记腮红的下边缘不能超出鼻尖的水平延长线。

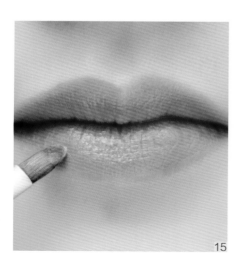

Step 15

保持唇部滋润。用亚光橙色口红上色，要确保唇色饱和，唇部边缘完整。

分享

▶ 面部特点

混合型肤质，有黑眼圈，无明显痘印。

▶ 妆容特点

上底妆之前一定要做好皮肤的护理工作，可以适当涂抹微珠光的妆前乳，使皮肤更有光泽和质感。以少量多次的方式涂抹粉底，使整体妆容色调清新自然，无大块聚集的颜色。选择一个部位重点突出即可，如腮红或唇彩。

▶ 化妆品选择

底妆：阿玛尼设计师粉底。其特点是保湿，遮瑕度适中，呈乳霜状。

遮瑕：IPSA三色遮瑕膏。

定妆：MAKE UP FOR EVER高清蜜粉。其特点是粉粒细腻，控油度适中。

眼影：日月晶采猫眼石眼影。

眼线液笔：KISS ME极细防水眼线液笔。

眉笔：植村秀砍刀眉笔。

腮红：NARS高潮腮红。

口红：YSL唇颊两用唇釉4号色。

有越来越多的客人在沟通化妆的要求和想法时，第一句话是："我想要自然一些的。"清新自然的妆容适合新娘出门的第一组造型，因为在接亲、外景拍摄和迎宾环节，新娘都需要与来宾近距离接触，细腻薄透的妆感能够消除距离感。清新自然的妆容最重要的是底妆的透亮，妆面应看起来柔和、真实，这样新娘也会更加舒适、放松。

1.2

日系氧气新娘妆

女人如花，色彩缤纷，浪漫多情，在青春稚嫩的年华盛开如诗。元气满满的日系妆容犹如初春，突如其来的温暖让人猝不及防，却又幸福、暖心。

Step 01

完成底妆后，用眼影刷蘸取亚光浅橙色眼影，涂抹上眼睑。注意晕染要自然，使眼影的颜色由深到浅，没有明显界线。

Step 02

让新娘向上看，将同色眼影涂抹至下眼睑及眼部四周，使上下颜色一致。

Step 03

用另一支小号眼影刷蘸取橙色眼影，平涂在眼窝处。在睫毛根部加重眼影的色彩，晕染出自然的效果。下眼睑的眼影晕染后三分之二即可。

Step 04

将上眼睑微微向上提拉，用黑色眼线液笔在睫毛根部描画眼线。注意在眼尾处将眼线拉出平而直的流畅线条。

Step 05

用小号眼影刷蘸取棕色眼影，平涂在下眼睑尾部三分之一处，以加深眼尾的颜色。

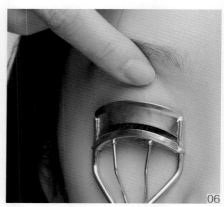

Step 06

让新娘眼睛往下看，微微提拉上眼睑，分三段夹睫毛。在贴近根部的位置用七分力，在睫毛中部用五分力，在睫毛尾部用三分力，使睫毛卷翘且弧度自然。

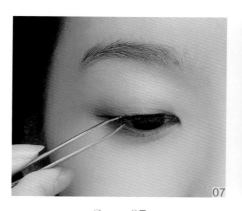

Step 07

选择交叉款假睫毛，将其紧挨睫毛根部进行种植式粘贴，让真假睫毛自然结合，避免分层。

Step 08

贴好的假睫毛立体、根根分明、弧度自然，在视觉上能使眼睛放大且更有神采。

Step 09

用较小的睫毛膏刷头蘸取睫毛膏，以少量多次的方式轻刷下睫毛。

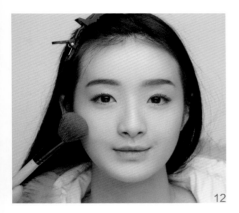

Step 10

选择自然款的假睫毛，紧挨下睫毛的根部，以查缺补漏的方式根根粘贴。

Step 11

用眉刷蘸取眉粉，沿着眉毛生长的方向进行查缺补漏，并且微微晕染，使眉毛呈有形无边的效果。

Step 12

用腮红刷蘸取橙色的腮红，在颧骨最高处向两侧以月牙形晕染。切记晕染部位不能低于鼻尖的水平延长线。

Step 13

保持唇部滋润。用橙色唇釉薄涂，要确保唇色饱和，唇部边缘完整。

分享

▶ 面部特点

皮肤偏干，无明显痘印。

▶ 妆容特点

注重整体颜色的搭配、色调的层次感，以及腮红的运用。眼妆部分的眼线除了可以拉出平而直的流畅线条，也可以打造出稍微向下延伸的无辜眼妆。

▶ 化妆品选择

底妆：MAKE UP FOR EVER水粉霜。适用于干性皮肤，遮瑕能力不强，可以起到均匀肤色和保湿的作用。

遮瑕：IPSA三色遮瑕膏。

定妆：MAKE UP FOR EVER高清蜜粉。

眼影：MAC眼影橙色系。

眼线液笔：KISS ME极细防水眼线液笔。

眉笔：植村秀砍刀眉笔。

腮红：NARS高潮腮红。

口红：YSL唇颊两用唇釉4号色。

日系妆容总是给人以元气满满的少女感。日系妆容以颜色混搭为特点，轮廓分明，妆面干净利落，眼妆和腮红尤为重要。腮红不仅可以让气色显得更好，不同位置的腮红还可以修饰脸形，使五官更精致、立体，能打造出"萌萌哒"氧气新娘妆。

1.3

明星质感新娘妆

明星质感妆容的重点在于质感，质感在于细节，注重细节才能让妆容完美无瑕。每个新娘都希望站在舞台上能像明星一般闪耀夺目，带给大家一场视觉盛宴。

Step 01

完成底妆后，用大号眼影刷蘸取珠光米色眼影，将其大面积涂抹在眼部四周。用眼影刷蘸取金色眼影，晕染上眼睑，注意层次过渡要自然。

Step 02

让新娘向上看，用金色眼影涂抹下眼睑，使上下眼影的颜色一致。

Step 03

用眼线刷蘸取黑色眼线膏，让新娘向下看，微微提拉上眼睑，顺着睫毛根部涂抹眼线并往外延长。

Step 04

让新娘向上看，用黑色眼线笔加深眼线。

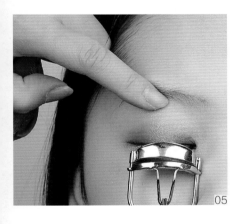

Step 05

让新娘往下看，微微提拉上眼睑，分三段夹睫毛。在贴近根部的位置用七分力，在睫毛中部用五分力，在睫毛尾部用三分力，让睫毛卷翘且弧度自然。

Step 06

选择交叉款假睫毛，将其紧挨睫毛根部进行种植式粘贴。贴两层，第二层与第一层假睫毛交错粘贴，使睫毛显得更浓密。

Step 07

粘贴好的假睫毛要有立体感，根根分明，弧度自然。这样在视觉上可以放大眼睛，使眼睛更有神采。

Step 08

让新娘向上看，用较小的睫毛膏刷头蘸取睫毛膏，以少量多次的方式轻刷下睫毛。

Step 09

选择自然款的假睫毛,将其紧挨下睫毛的根部以查缺补漏的方式根根粘贴。

Step 10

粘贴好的睫毛要形成上浓下疏、相互呼应的效果。

Step 11

用眼线液笔再次填补眼尾三角区,勾勒出流畅的眼线。

Step 12

用棕色眉笔沿着眉毛生长的方向勾画眉形,慢慢填补空缺位置,使眉毛呈有形无边的效果。

Step 13

用棕色染眉膏梳理眉毛,使眉毛的颜色与画出的眉毛的颜色相同。注意不要将染眉膏晕染在皮肤上。

Step 14

用眉刷沿着眉毛生长的方向梳理,使眉毛看起来整齐、干净。

Step 15

用腮红刷蘸取朱红色的腮红,轻刷颧骨最高处,并慢慢斜向耳后晕染。切记晕染的下线不能超出鼻尖的水平延长线。

Step 16

保持唇部滋润。用唇刷蘸取红色的口红,勾勒出唇形,要确保唇色饱和,唇部边缘完整。

分享

▶ 面部特点

皮肤偏油，有黑眼圈，五官不够立体，无明显痘印。

▶ 妆容特点

用不同色号的粉底液和遮瑕膏有层次地打造出立体的五官轮廓，进行局部遮瑕，最后用粉饼定妆。油性皮肤定妆效果较好，定妆后不再用干粉修容。让面部的修饰有形无痕，使妆容更有质感。

化妆品选择

▶ 底妆：阿玛尼丝绒滴管粉底液。上妆后效果有丝绒质感。

遮瑕：IPSA三色遮瑕膏。

修容膏：NYX六色遮瑕膏盘。

定妆：阿玛尼镁光灯粉饼。

眼影：日月晶采猫眼石眼影。

眼线液笔：KISS ME极细防水眼线液笔。

眉笔：植村秀砍刀眉笔。

腮红：NARS高潮腮红。

口红：YSL唇颊两用唇釉4号色。

时尚达人总是能跟上时尚的步伐，又能保持自己的风格，在每种场合中都能成为众人瞩目的焦点。她们的妆容注重细节以及对轮廓的修饰。可以适当地增加流行元素，但不要不盲目跟风。

1.4

复古欧式新娘妆

风影之间，仿佛看见了淑媛的绰约风姿，神秘娇媚又不失性感诱惑。

Step 01

完成底妆后，用眼影刷蘸取珠光浅米色眼影，涂抹上下眼窝及其四周，可起到提亮眼周的作用。

Step 02

取另一支小号眼影刷，蘸取咖啡色眼影，平涂在睫毛根部，并向上晕染，注意范围不可超过提亮色眼影。在眼球上方凹陷处用咖啡色眼影晕染，注意不要覆盖眼球处的珠光浅米色眼影。

Step 03

用小号眼影刷蘸取深咖啡色眼影，对睫毛根部进行小范围加深晕染。将其晕染至眼球上方凹陷处，注意不要覆盖眼球位置的珠光浅米色眼影。

Step 04

将上眼睑微微向上提拉，用眼线液笔勾勒出流畅的线条，使内眼线更加清晰。在眼尾处将眼线画出向上扬的效果。

Step 05

让新娘往下看，微微提拉上眼睑，分三段夹睫毛。在贴近根部的位置用七分力，在睫毛中部用五分力，在睫毛尾部用三分力，让睫毛卷翘且弧度自然。

Step 06

选择眼尾加长款的假睫毛，将其紧挨睫毛根部进行粘贴，让真假睫毛自然衔接，避免分层。

Step 07

用较小的睫毛膏刷头蘸取睫毛膏，以少量多次的方式轻刷下睫毛。选择交叉款的假睫毛，以查缺补漏的方式根根粘贴。

08

09

10

11

Step 08

让新娘向上看，用眼线液笔在眼尾处勾勒下眼线，加深眼尾的轮廓。

Step 09

用棕色眉笔沿着眉毛生长的方向进行描画，使眉峰有形，眉毛轮廓分明。

Step 10

在眉头竖直向下稍微加上一些咖啡色的鼻侧影，在耳下方延伸至下巴的位置进行修饰，以使五官更加立体。

Step 11

保持唇部滋润。用亚光红色口红上色，要确保唇色饱和，唇部边缘完整。

分享

▶ 面部特点

混合型肤质，有黑眼圈。

▶ 妆容特点

上底妆之前一定要做好皮肤的护理工作，因为新娘是混合型肤质，所以要划分区域，做有针对性的处理。皮肤较干处可以在粉底液中加入一些精油，以使底妆更加伏贴；皮肤较油处可以加入一些含控油成分的妆前乳，这样才能使皮肤保持更好的状态。整体妆容的色调要自然，选择一两种颜色重点晕染即可。

▶ 化妆品选择

底妆：阿玛尼极缎丝柔滴管粉底。

遮瑕：IPSA三色遮瑕膏。

定妆：MAKE UP FOR EVER高清蜜粉。

眼影：MAC五色眼影盘。

眼线液笔：KISS ME极细防水眼线液笔。

眉笔：植村秀砍刀眉笔。

修容：NARS双色修容盘。

口红：阿玛尼唇釉400#。

复古新娘妆是一种潮流风尚。立体的五官、弧形的弯眉、炙热的红唇，皆可以让新娘展现出高贵迷人的气质。

1.5

中式古风新娘妆

眉如远山黛，眼如秋波横，绾一缕青丝，描一抹红妆。愿与君携手到老，岁月静好，不负一世韶光。
为你，我以脂为色，用笔作画，流年一世，惊鸿刹那。

Step 01

完成底妆后，用眼影刷蘸取珠光浅米色眼影，涂抹至上下眼窝及四周，可起到提亮眼周的作用。

Step 02

用腮红刷蘸取粉色腮红，涂抹上下眼窝及四周，其范围延伸至太阳穴及颧骨位置。

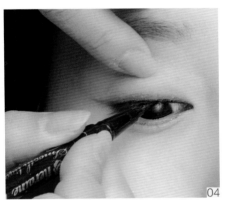

Step 03

将上眼睑微微向上提拉，用眼线刷蘸取深红色的眼线膏，勾勒出流畅自然的眼线，拉长眼尾的眼线。

Step 04

用黑色眼线液笔在睫毛根部画眼线，只需勾画内眼线，使眼睛更加深邃、有神。

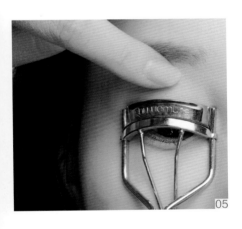

Step 05

让新娘往下看，微微提拉上眼睑，分三段夹睫毛。在贴近根部的位置用七分力，在睫毛中部用五分力，在睫毛尾部用三分力，使睫毛卷翘且弧度自然。

Step 06

选择自然款的假睫毛，将其紧挨睫毛根部根根种植粘贴，让真假睫毛自然结合，避免分层。

Step 07

用较小的睫毛膏刷头蘸取睫毛膏，以少量多次的方式轻刷下睫毛。

08

09

10

11

Step 08

用根根种植的方式粘贴下假睫毛，使睫毛看起来更加浓密。

Step 09

再次用腮红刷蘸取粉色腮红，在眼部四周晕染，使红色眼线和粉色腮红结合得更加自然。

Step 10

用眉笔沿着眉毛生长的方向进行描画。注意眉峰不宜过高，眉头自然。用眉刷沿着眉毛生长的方向进行查缺补漏，并微微晕染，使眉毛呈有形无边的效果。

Step 11

保持唇部滋润。用亚光红色口红上色，要确保唇色饱和，唇部边缘完整。

分享

▶ 面部特点

皮肤较白，属于干性肤质，无过于明显的斑点和痘印。

▶ 妆容特点

眼妆部分用了腮红晕染，眼线加入了红色，这样更能展现出女性的柔美。

▶ 化妆品选择

粉底：MAKE UP FOR EVER水粉霜。选择粉色系的水粉霜，轻盈通透，可提升气色，让肤色均匀、水润、有光泽且持久。

眼部遮瑕：碧雅诗遮瑕膏。其特点是轻薄细腻。

定妆：MAKE UP FOR EVER高清亚光散粉。其特点是粉质细腻，高清无痕，柔软且有光泽。

腮红：NARS 粉色腮红盘。

眼线：KISS ME眼线液笔。

眉粉：KATE三色立体眉粉。

口红：雅诗兰黛浓情梅子240#。

- 相关案例分享 -

四海八荒，总有人唤你时柔情婉转，又荡气回肠。十里桃林，月下一曲相思吟。古风新娘妆也被称为新中式
风格新娘妆，是"四海八荒"的女神们的大爱，风格多变，可以是红裙搭配凤冠霞帔，也可以是白纱配古风
银饰，不同的搭配可呈现出不同的视觉盛宴。

1.6

人鱼姬新娘妆

传统的新娘妆容有时略显乏味，缺乏时尚感和创意性，但是新娘妆又无法像艺术写真或者婚纱照妆容一样标新立异。新娘在婚礼当天会和来宾近距离接触，来宾当中除了朋友，还有亲人和长辈，能让不同群体都能接受的妆容并不多。人鱼姬色是今年流行的妆容颜色之一，有时就是这么一点流行元素也会使整体妆容变得不一样。

Step 01

完成底妆后，用眼影刷蘸取珠光浅米色眼影，涂抹上下眼窝和四周，起到提亮眼周的作用。

Step 02

用小号眼影刷蘸取珠光酒红色眼影，平涂眼窝，注意范围不可超过提亮眼影的范围，要晕染出自然的效果。下眼睑的眼影晕染后三分之二处即可。

Step 03

用其他小号眼影刷蘸取珠光金色的眼影，平涂眼头位置，向中间位置微微晕染，不可遮盖原本的酒红色。

Step 04

让新娘往下看，微微提拉上眼睑，分三段夹睫毛。在贴近根部的位置用七分力，在睫毛中部用五分力，在睫毛尾部用三分力，使睫毛卷翘且弧度自然。

Step 05

用刷头较小的咖啡色睫毛膏，以少量多次的方式轻刷上下睫毛。

Step 06

用眉刷蘸取咖啡色的眉粉，沿着眉毛生长的方向进行描画。注意眉峰不宜过高，眉头要晕染自然，使眉毛呈有形无边的效果。

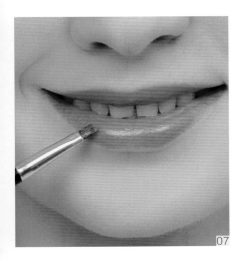

Step 07

保持唇部滋润。用珠光红色口红上色，要确保唇色饱和，唇部边缘完整。

Step 08

用腮红刷蘸取粉色的腮红，轻刷眼尾下方位置，将颜色晕染开。

分享

▶ 面部特点

皮肤偏干，有黑眼圈，有明显痘印。

▶ 妆容特点

上底妆之前一定要做好皮肤的护理工作，可以适当地涂抹微珠光的妆前乳，使皮肤更有光泽和质感。涂抹粉底时要采用少量多次的方式。除了前期做遮瑕处理外，在整体妆容完成后再做一次遮瑕处理。

▶ 化妆品选择

底妆：阿玛尼设计师粉底。

遮瑕：IPSA三色遮瑕膏。

定妆：MAKE UP FOR EVER高清蜜粉。

眼影：MAC眼影。

眼线液笔：KISS ME极细防水眼线液笔。

眉笔：植村秀砍刀眉笔。

腮红：贝玲妃蒲公英腮红。

口红：雅诗兰黛浓情梅子240#。

1.7

"心机"裸妆小丑底妆

"心机"裸妆的重点在于底妆的透亮度和光泽感，对五官稍加修饰即可。上底妆之前，最重要的护肤三部曲是清洁、爽肤和润肤，而保持皮肤的水润度是护肤的重要目的之一。

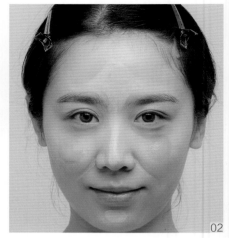

Step 01

观察新娘的皮肤及五官，为了增强皮肤的透亮度和光泽感，可以在上妆之前为新娘涂抹微珠光的妆前乳或按摩精油。

Step 02

额头、鼻梁、法令纹、下巴用比肤色浅一号的粉底提亮，鼻侧、两腮用比皮肤深一色号的粉底打阴影。微青色黑眼圈用橘色粉底膏打底，腮红处也用橘色粉底膏提升气色。其余位置涂抹与肤色一致的粉底。

Step 03

顺着皮肤的纹理将粉底均匀地涂抹在脸部，使新娘五官立体，气色红润。

Step 04

使用定妆喷雾，远距离地朝面部各处喷洒，以保持妆容的水润光泽。

Step 05

喷好定妆喷雾后，皮肤暂时保持不动。切勿用刷子或手触碰，让新娘面部放松，自然晾干皮肤。

Step 06

用眉刷蘸取灰棕色眉粉，顺着眉毛生长的方向淡淡晕染出自然的眉形。

Step 07

根据新娘的发色，用染眉膏晕染眉毛。注意染眉膏不要沾染到皮肤上。

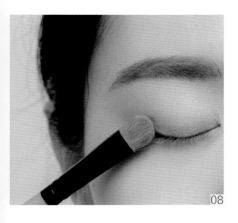

Step 08

用大号眼影刷蘸取亚光或微珠光米色眼影，在眼睑周围大面积晕染，对其进行提亮。

Step 09

用中号眼影刷蘸取亚光或微珠光浅棕色眼影，在眼睑四周小范围加深晕染。

Step 10

将睫毛夹卷后，用小号的棕色睫毛膏以少量多次的方式涂抹，使睫毛根根分明。

Step 11

用唇刷蘸取裸粉色或粉色的口红，进行薄涂。要确保唇色饱和，唇部边缘完整。

分享

▶ **面部特点**

皮肤为混合型肤质，毛孔较明显，无明显痘印。

▶ **妆容特点**

"心机"裸妆妆感很淡，主要靠底妆使皮肤透亮并散发光彩。底妆对于提升气色尤为关键。

▶ **化妆品选择**

底妆：MAKE UP FOR EVER水粉霜。

遮瑕：IPSA三色遮瑕膏。

妆前乳：贝玲妃反孔精英。

定妆：MAKE UP FOR EVER定妆喷雾。

眼影：日月晶采猫眼石眼影。

眉笔：KATE眉粉。

口红：MAC裸粉色口红。

02

星级定制新娘造型解析

空气感编发及饰品搭配

清新田园编发及饰品搭配

灵动抽丝盘发及饰品搭配

森系甜美发型及饰品搭配

自然清新随意披发及饰品搭配

东方优雅裹发及饰品搭配

轻盈发辫造型及饰品搭配

韩式婉约造型及饰品搭配

优雅宫廷盘发及饰品搭配

轻复古造型及饰品搭配

复古经典造型及饰品搭配

极简俏皮编发及饰品搭配

轻奢高贵卷发及饰品搭配

可爱创意盘发及饰品搭配

新中式秀禾造型及饰品搭配

新中式古风造型及饰品搭配

2.1

空气感编发及饰品搭配

空气感造型给人俏皮的感觉，发型柔和蓬松，发丝灵动，可以搭配鲜花、绢花、蕾丝等饰品。

造型手法： 倒梳，拧绳，抽丝。

注意事项： 1.对头发倒梳时尽量从根部梳起，以打造整体的蓬松感和随意感。

2.抽丝要整体协调，注意头发的走向和高低层次，做到乱而有序。

配　饰： 鲜花，绢花。

搭配不同的头饰能打造出不一样的新娘造型风格，可以俏皮，可以优雅。

01

Step 01

用20号电卷棒将头发以向下内翻的手法烫卷，保持纹理清晰，不需要梳理开。

02

Step 02

在头顶以Z形分发，这样显得更随意、自然。

03

Step 03

将头发分成前、后两个区。取后区顶部的头发，对其内部进行倒梳，使其略微蓬松，再将外部梳顺。

04

Step 04

将后区上半部分的头发收拢，拧成发包，固定于枕骨上方。

05

Step 05

在前区右侧靠近顶骨处取二分之一的头发，以二加一编发的手法编成两股辫。对发辫进行抽丝，使发辫蓬松且有线条感，然后将其固定。

06

Step 06

将前区右侧靠近前额处剩余的头发以二加一编发的手法编成两股辫。对发辫进行抽丝处理，将发辫固定在枕骨上方。

Step 07

将前区左侧的头发以同样的手法处理。将后区剩余的头发均匀分成左、右两部分。

Step 08

将后区右部分的头发用拧绳的手法拧成两股辫，抽松头发的表面。

Step 09

将处理好的发辫打圈，将发尾固定在耳后位置。将后区左部分的头发以同样的手法处理。

Step 10

检查整体发型，并做出适当的调整，让头发的纹理自然。最后喷发胶定型。

造型手法： 倒梳，三加二编发，抽丝。

注意事项： 1.烫发的方向要一致。

　　　　　　2.抽丝时注意弧度，要达到发量增多的效果。

配　　饰： 花瓣。

Step 01

用20号电卷棒将头发以向上外翻的手法烫卷，使纹理自然、均匀。

Step 02

用手整理卷好的头发，将其抽拉开，使头发蓬松、饱满。

Step 03

取头顶位置的头发，用均匀的力度对内部进行倒梳，然后将其表面梳理光滑。

Step 04

将倒梳的头发固定于头顶，隐藏发卡。

Step 05

将头发平均分成两份，保留少许刘海碎发备用。将分好的头发分别以三加二编发的手法编成三股加辫，注意取发要均匀。将发辫抽松。

Step 06

将右侧的发辫顺着头顶位置来回固定，隐藏发尾，将左侧的发辫以同样的方式固定于头顶，使头顶位置的头发饱满、蓬松。

Step 07

检查整体发型，并做出适当的调整，使头发蓬松、有线条感且衔接自然。最后用电卷棒将碎发卷烫，喷发胶定型。

延伸发型

蓬松卷发高雅、大方，搭配精致的头饰，俏皮又不失女人味儿。

Step 01

将后区的头发平均分成左、右两份，分别
编成三股辫。

Step 02

对头发表面进行抽丝处理，使头发蓬松、
自然，同时可起到增加发量的作用。

Step 03

将发型打造出清新感，用植物加以点缀。此款造型适用于草坪婚礼。

这是一款蓬松的编发造型，慵懒而又精致。

2.2

清新田园编发及饰品搭配

田园造型给人以清新的感觉，发型柔和、规整，可以搭配鲜花、叶子、麦穗、蕾丝等饰品。

技法解析案例1

造型手法： 二加一编发，抽丝，缠绕。

注意事项： 1.编发辫时，取发要均匀，发辫松紧有度，发辫与发辫的衔接要自然。

2.为了使发型看起来饱满，对后区内部的头发倒梳，然后将外部的头发梳顺。

3.注意隐藏发尾。

配　　饰： 鲜花，叶子。

Step 01

用20号电卷棒将头发以向下翻卷的手法烫卷。将头发分为五个区域：以两耳后经过头顶的连接线为界，将所有头发分为前、后两区，再将前区的头发进行中分，从耳部垂直向上画线，将前区的头发共平均分成四个区。

Step 02

用梳子将后区顶部的头发倒梳，力度要均匀。然后将其表面梳理光滑，拧转并固定于枕骨位置，形成一个小发包。

Step 03

将前区右耳后上方的头发以二加一编发的手法编成两股辫并抽松，使发辫蓬松且有线条感。将发尾横向固定在枕骨处。

Step 04

将前区右耳前上方的头发同样以二加一编发的手法编成两股辫并抽松，使发辫蓬松且有线条感。将其紧挨着前一条发辫环绕，将发尾横向固定在枕骨处。

Step 05

将发辫固定好后，做适当的调整，使其更加饱满。

Step 06

将前区左侧的头发以同样的手法编成两条两股辫，并横向固定于枕骨处。

Step 07

将后区剩余的头发平均分成两份，用拧绳的手法将右侧的头发拧成两股辫，然后对发辫进行抽丝处理。

Step 08

将右侧的发辫从左耳后方缠绕至头顶，适当调整发辫的位置和弧度，然后用发卡固定。

Step 09

将左侧的头发以同样的手法拧成两股辫。将其抽松后，从右耳后方缠绕至头顶，适当调整其位置和弧度并固定。

Step 10

对两侧的发辫再次进行抽丝定型并调整摆放的弧度。

Step 11

调整整体发型，使其纹理自然。然后喷发胶定型。

Step 12

佩戴鲜花和绿叶头饰。完成造型。

造型手法： 三股编发。

注意事项： 整体发型比较规整，发辫可以编得紧致一些。

配　　饰： 蕾丝头饰。

Step 01

将烫卷的头发梳理开，对头顶处的头发进行中分。

Step 02

取右耳上方上半部分的头发，将其编成三股辫。编发的过程中，注意每一股头发的发量要均匀。

Step 03

将编好的发辫进行8字形打圈并固定在右耳的前上方位置。对左侧的头发进行同样的处理。

Step 04

将后区剩余的头发平均分成左右两份，分别以三股编发的手法编成发辫。

Step 05

将左右两侧编好的发辫分别沿着8字形发辫的后边缘向头顶提拉并固定。将其调整出自然的弧度，注意隐藏发卡。

Step 06

检查整体发型，并做出适当的调整，使头发的纹理自然。整理鬓发和刘海，喷发胶定型。佩戴蕾丝头饰。完成造型。

2.3

灵动抽丝盘发及饰品搭配

整体造型给人清纯活泼的感觉，发丝灵动，可以搭配羽毛、软纱、礼帽等饰品。

造型手法： 二加一编发，抽丝，缠绕。

注意事项： 1.烫发时卷度要合适，应根据新娘的脸形调整发卷的大小，使头发保持蓬松、自然。

2.编发时，注意取发要均匀，发辫要松紧有度。

3.抽丝时要注意整体协调，应做到乱而有序。

配　饰： 羽毛头饰。

01

Step 01

用20号电卷棒将头发以竖向外翻的手法烫卷。将其烫好后保持卷发的纹理，不需要梳理开。将头发分成三个区域：先从耳后经头顶将头发分为前、后两区，然后将前区的头发进行中分。将后区的头发扎马尾，固定于黄金点。

02

Step 02

将扎好的马尾均匀分成两股头发，拧成两股辫并抽松，使发辫蓬松且有线条感。

Step 03

将抽丝之后的两股辫以打圈的方式缠绕在黄金点处，形成一个饱满的圆形发髻。将其用发卡加以固定。

03

Step 04

将前区右侧的头发以二加一编发的手法编成发辫并抽松。将其以顺时针方向缠绕在发髻上。

04

05

Step 05

同样将前区左侧的头发以二加一编发的手法编成发辫并抽松。将其沿逆时针方向由下至上缠绕在发髻上。

Step 06

在额前抽出少量的发丝，用电卷棒将其再次烫出好看的弧度。使发丝随意地散落，打造出空气刘海。

Step 07

检查整体发型，并做出适当的调整，使头发蓬松且有线条感，发辫之间要衔接自然。

07

Step 08

喷发胶定型并佩戴饰品。

08

造型手法： 二加一编发，抽丝。

注意事项： 头顶头发的表面要保持顺滑，对四周的头发适当抽丝，但不宜显得过于凌乱。

配　　饰： 花瓣，礼帽。

Step 01

用20号电卷棒将头发以竖向外翻的手法烫卷。将头发分为五个区域：以两耳后经头顶的连接线为界，将所有头发分为前、后两区，再将前区的头发中分，从耳部垂直向上画线，将前区的头发平均分成四个区。

Step 02

用梳子将后区顶部的头发倒梳，力度要均匀。将头发表面梳理光滑，拧转并固定于枕骨位置，使头发微微隆起，以显得饱满。

Step 03

将前区右耳后上方的头发以二加一编发的手法编成两股辫并抽松，使发辫蓬松且有线条感。将发辫向后区缠绕，将发尾横向固定在枕骨处。

Step 04

将前区右耳前上方的头发以二加一编发的手法编成两股辫并抽松，使发辫蓬松且有线条感。将其沿着上一条发辫缠绕，将发尾横向固定在枕骨处。

Step 05

将发辫固定好后，做适当的调整，使其更加饱满。

Step 06

将前区左侧的头发以同样的手法编成两条发辫，将其横向固定于枕骨处。

Step 07

将剩余的头发用橡皮筋固定在颈后。取马尾中的一小撮头发，将其缠绕在橡皮筋上，起到遮盖作用。

Step 08

将头发平均分成三段，每两段之间均以橡皮筋固定并用头发缠绕遮盖。注意每次固定头发前轻轻抽拉发丝，使发束形成灯笼状，然后整理并定型。

Step 09

检查整体发型，做出适当的调整，使头发的弧度自然。抽拉头发，使发型更灵动，然后喷发胶定型。用鲜花头饰点缀，这样整体发型就完成了。

2.4

森系甜美发型及饰品搭配

整体造型给人甜美的感觉，发型柔和蓬松，发丝灵动，饰品可以选用鲜花、绢花、羽毛等。

造型手法： 三加二编发，抽丝，轻推。

注意事项： 1.注重整体发型的蓬松度和饱满度。

2.编发的力度要均匀，发辫要松紧适宜。

3.头发的纹理要自然，注意隐藏发卡。

配　　饰： 鲜花。

Step 01

用20号电卷棒将头发以向上外翻的手法烫卷。头顶采用Z形分区，这样可以使分区线显得更随意、自然。

Step 02

将左侧的头发以三加二编发的手法编三股辫。注意取发要均匀，纹理要细致。对右侧的头发做同样的处理。

Step 03

将后区的头发以三加二编发的手法编三股辫。注意编发时手应一直处于高于头顶的位置。

Step 04

编好发辫后的效果。

Step 05

将三条发辫分别抽松，使头发蓬松且纹理自然。

Step 06

将后区的发辫向上轻推，使发辫隆起，在头顶位置形成发包，并用发卡固定。

Step 07

将后区发辫的发尾沿左耳后侧拉向头顶方向并固定。注意发辫摆放的弧度和发辫之间的衔接。

Step 08

将左侧发辫沿发包下边缘向右缠绕并固定。注意发辫摆放的弧度和发辫之间的衔接。

Step 09

将右侧发辫沿发包下边缘向左缠绕并固定。

Step 10

检查整体发型，并做出适当的调整，使发型饱满、自然。最后喷发胶定型并佩戴饰品。

造型手法： 拧绳，编发，抽丝。

注意事项： 对发辫适当抽丝，注意头顶头发的表面应保持规整。

配　　饰： 鲜花。

01

02

03

Step 01

将烫好的头发梳理开。取头顶中间部分的头发，进行倒梳。将其拧成发包并固定在后颈处。

Step 02

将左侧剩余的头发以二加一编发的手法编成两股辫，对发辫进行抽丝拉松处理，然后固定在发包下端。

Step 03

将右侧的头发同样编成两股辫。将其抽丝拉松之后，与左侧的发辫固定在一起。

04

Step 04

将前额剩余的发丝再次用电卷棒烫出优美的弧度，然后喷发胶定型。

Step 05

将后区剩余的头发平均分成三片，每片头发以拧绳的手法拧成发辫。

Step 06

将拧好的两股辫以三股编发的手法编成一条发辫。编好以后，对其抽丝拉松。

Step 07

检查整体发型，并做出适当的调整，然后喷发胶定型。佩戴头饰。完成造型。

05

06

07

2.5

自然清新随意披发及饰品搭配

整体造型给人以自然随意的感觉，发型柔和，发丝灵动，可以搭配鲜花、干花等饰品。

造型手法: 烫卷,编发,抽丝。

注意事项: 1.注重整体发型的随意感,编发要松紧适宜。

2.合理利用刘海部分修饰脸形。

配　　饰: 鲜花。

Step 01

用20号电卷棒将头发以向上外翻的手法烫卷。将刘海四六分。

Step 02

将烫好的头发用手梳理开,使头发蓬松且不缠绕,将发丝处理得根根分明。

Step 03

在头顶后方取一片头发并倒梳,然后将其表面梳顺,使所取的头发看上去饱满、有弧度。

Step 04

在左侧取一片头发,以三加二编发的手法编成三股辫。注意取发要均匀,编发时纹理细致而均匀。然后将发辫固定在枕骨上方。额前留少许发丝,作为刘海,以增加随意感,同时可起到修饰脸形的作用。

Step 05

取右侧的头发，进行同样的操作。编好发辫之后，将其与左侧的发辫固定在一起。

Step 06

将两条发辫抽松，整理顶后区头发的纹理，使头发蓬松且有层次感。

Step 07

在合适的位置佩戴头饰。完成造型。

造型手法： 拧绳，抽丝。

注意事项： 1.造型之前，注意头发要顺滑。

2.抽丝要自然随意。

配　　饰： 鲜花。

Step 01

以两耳经过头顶的连接线为界，将头发分为前、后两区，然后将前区的头发中分。将后区的头发扎成低马尾，固定在颈后，注意马尾的位置要尽量低一些。

Step 02

用手指从马尾固定位置的上方将头发分开，留出空隙。

Step 03

将马尾的发尾往上提拉，从外向内穿过上方的空隙，再向下拉，使其形成一个有弧度的发结。

Step 04

将后区的发结抽松，打造出纹理感和层次感。

Step 05

将右侧的头发向后扭转，拧紧之后形成条状。

Step 06

将条状的头发抽松，做出纹理和层次，然后固定于发结的下方。

07

Step 07

将左侧的头发以同样的手法扭转,抽丝拉松后,向后固定在发结的下方。

08

Step 08

检查整体发型,并做出适当的调整,使头发蓬松、灵动自然,并且有线条感。然后喷发胶定型。

09

Step 09

戴上鲜花发饰。完成造型。

2.6

东方优雅裹发及饰品搭配

整体造型给人优雅端庄的感觉，头发有质感，有层次，看似简单，实则内藏丰富的细节。可以搭配鲜花、丝带等比较大气、有东方韵味的饰品。

技法解析案例1

造型手法： 卷筒，缠绕。

注意事项： 1.整体发型要规整、干净。

2.裹发时，注意力度以及发片的整齐度、均匀度，从细节上体现出优雅。

配　　饰： 鲜花。

Step 01

将头发梳理干净，在后颈处扎低马尾。

Step 02

从马尾外侧取一片头发，梳理整齐，涂抹少量发蜡，然后向外侧翻卷上裹。

Step 03

将卷裹好的头发稍作扭转，使卷心向外，将其固定在马尾上方。

Step 04

将马尾剩余的头发平均分为三片。将第一片头发梳理整齐，涂抹少量发蜡，沿着马尾上方发卷的外围慢慢缠绕，然后用鸭嘴夹固定，用发卡固定根部，喷发胶定型。

Step 05

取第二片头发，继续缠绕已成形的发卷，注意力度要均匀，使发卷更紧实。完成之后，用鸭嘴夹固定发卷，用发卡固定发尾，喷发胶定型。

Step 06

将最后一片头发缠绕并固定，然后喷发胶定型。最终做出的形状犹如玫瑰的花蕾。

Step 07

待发胶干后，取下鸭嘴夹。检查整体发型，并做出适当的调整，要保证头发表面顺滑。在适当的位置佩戴头饰。完成造型。

造型手法： 抽丝，推发。

注意事项： 1.抽丝后，发丝不宜过于凌乱，在追求自然的同时要兼顾优雅端庄。
　　　　　　 2.发辫要松紧有度。

配　　饰： 鲜花，头纱。

Step 01

将头发烫卷以后，将所有的头发扎成低马尾并固定在颈后位置，要使头顶的头发保持松散、饱满。

Step 02

将马尾平均分为三份，将其中一份头发以两股编发的手法编好。

Step 03

在两股辫中抽取一缕发丝并轻拉，将其他头发顺着发丝推至颈后位置并固定。

Step 04

将第二份头发同样拧成两股辫，从中抽取一缕发丝并轻拉，将其他头发顺着发丝推至颈后位置并固定。

Step 05

将最后一份头发编成两股辫。

Step 06

抽取一缕发丝并轻拉，将其他头发顺着发丝推至颈后位置并固定。

Step 07

整理头发，对所有头发进行抽丝处理。

Step 08

对发髻做适当的调整，使发髻呈花苞状，然后喷发胶定型。

Step 09

整理额前的刘海，用电卷棒将其卷出好看的弧度。

Step 10

佩戴具有东方韵味的头饰和精致的头纱。完成造型。

2.7

轻盈发辫造型及饰品搭配

发辫不仅可以用于塑造形态，也可以用于隐藏头发，不同的发辫可以重叠，使头发更加饱满、有层次感。整体造型给人青春、可爱的感觉，即使是简单的发辫也可以打造出层次。饰品可以选用鲜花、丝带等。

造型手法： 三股编发。

注意事项： 1.编发辫时，注意分发要均匀。

2.隐藏发尾。

配　　饰： 鲜花。

Step 01

在头顶画圈，将头发分成两层，上层的发量为三分之一，下层的发量为三分之二。在下层右侧取三分之一的头发，编成三股辫。

Step 02

将发辫的尾部朝里卷起，用发卡固定，固定的位置如图所示。发卷的下边缘比下巴略低一点。

Step 03

在下层中间取三分之一的头发，编成三股辫。注意发辫的起始位置不要太靠上，要保持头发松散。

Step 04

将编好的发辫朝里卷起，用发卡固定。注意发卷的下边缘与右侧发卷的下边缘一致。

Step 05

将下层剩余的三分之一的头发编成三股辫，注意不要破坏上方的纹理。

Step 06

将发辫的尾部朝里卷起，下边缘与后方的头发边缘保持在一条水平线上，然后用发卡固定。注意隐藏发卡。

07

Step 07

将上层的头发放下，注意保持头发的纹理。将发尾隐藏并固定，做出短发的效果。

08

Step 08

将上层头发的发尾都藏进下层的发辫固定处，注意隐藏发卡。

09

Step 09

检查整体发型，抽出些许发丝，使发型更灵动、自然。

10

Step 10

注意整体造型的形状，以及头发之间的衔接。喷发胶定型，佩戴饰品。

造型手法： 三股编发，拧绳。

注意事项： 拧发辫时，方向统一偏向一侧。

配　　饰： 鲜花。

Step 01

先在头顶佩戴饰品。将所有的头发均分为三份，将左侧的头发拧绳成两股辫。拧好以后将其抽丝拉松。

Step 02

将剩余的两份头发同样以拧绳的手法拧好，并抽丝拉松。拧发时，让发辫偏向左侧。

Step 03

在左侧将三条发辫编成三股辫，使其更有层次。

Step 04

检查整体发型，将头发抽丝拉松，并喷发胶定型。

相关案例分享

2.8

韩式婉约造型及饰品搭配

整体造型给人简单优雅的感觉，可以搭配珍珠、珠花等饰品。

造型手法： 烫卷。

注意事项： 造型之前首先将头发整理顺滑，烫卷的时候要注意头发的纹理。另外，要注意隐藏橡皮筋。

配　　饰： 珍珠头饰，缎带。

Step 01

用梳子将头发梳理顺滑后，用直发夹板将头发夹整齐。在头发上抹少量的橄榄油，可使头发有光泽。

Step 02

将顶区内部的头发倒梳，将外部的头发梳顺。在颈后位置扎低马尾，用25号电卷棒分片横向烫卷马尾。

Step 03

取一小股头发，将其缠绕于固定马尾的橡皮筋上，遮盖橡皮筋，用发卡固定。

Step 04

整理发卷的弧度，使其自然平顺，尽量保持微微卷翘。

Step 05

用20号电卷棒将刘海卷出好看的弧度。

Step 06

检查整体发型，并做出适当的调整，喷发胶定型。佩戴珍珠头饰，在马尾处系上黑色缎带。完成造型。

造型手法： 抽丝，拧绳。

注意事项： 1.将头发轻微抽松，打造出自然的感觉即可，整体发型不宜太凌乱。

2.注意调整发丝的弧度，凸显温婉气质。

配　　饰： 绢花头饰。

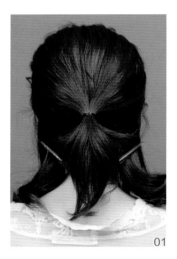

01

Step 01

以枕骨水平线为界，将头发分为上、下两层，将上层的头发扎成低马尾。

02

Step 02

将马尾固定位置上方的头发从中间分开，将发尾向上提，从外向内穿过空隙，形成一个弧度好看的发结。

Step 03

将发结抽丝拉松，使头发纹理自然，层次分明。

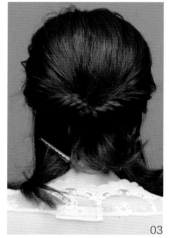

03

Step 04

将下层头发平均分成两片。把右边的一片头发拧成两股辫，将其抽丝后固定在发结的下方。

04

05

Step 05

将下层左侧的头发同样拧成两股辫，将其拉松抽丝后固定在发结的下方。

06

Step 06

对头顶的头发进行抽丝，整理出好看的纹理。

Step 07

检查整体发型，并做出适当的调整，使头发蓬松、有线条感，然后喷发胶定型。

07

Step 08

佩戴优雅的头饰。完成造型。

08

2.9

优雅宫廷盘发及饰品搭配

整体造型给人高贵的感觉，发型蓬松自然，可以搭配巴洛克金叶子、复古皇冠等精致、能凸显高贵气质的饰品。

造型手法： 烫卷，三加二编发，抽丝，倒梳。

注意事项： 1.处理颈后的短发。

2.利用刘海修饰脸形。

3.利用抽丝和倒梳的手法打造出蓬松、随意的发型。

配　　饰： 珍珠头饰。

Step 01

用25号电卷棒将头发以向上外翻的方式烫卷，卷好以后保持纹理，不需要梳理开。将刘海区的头发以三加二编发的手法编三股加辫。

Step 02

将发辫抽松，使发辫蓬松。

Step 03

将发辫在前额处缠绕出流畅的半圆形，以打圈的手法固定在头顶。注意隐藏发卡。

Step 04

在右耳上方取一片头发，以三加二编发的手法编三股加辫。对发辫进行抽丝处理，使发辫蓬松且有线条感。

Step 05

以打圈的手法将右侧的发辫向上提至头顶处，缠绕出半圆形，用发卡固定。

Step 06

将后区上部分足够长的头发提拉至头顶，扭转并用发卡固定于头顶。过短的头发自然散落即可。

Step 07

将左侧剩余的短发用梳子向上梳理平整，用鸭嘴夹固定，然后喷发胶定型。

Step 08

将右侧剩余的短发用梳子向上梳理平整，用鸭嘴夹固定，并喷发胶定型。注意左右短发要衔接自然。

Step 09

将头顶处的发尾倒梳，并整理其弧度，使整体发型饱满、立体。

Step 10

调整发型，喷发胶定型。待发胶干后，取下鸭嘴夹。戴上精致的头饰。完成造型。

造型手法：　烫卷，倒梳，二加一编发，抽丝。

注意事项：　1.处理颈后的短发。

　　　　　　2.将后方的发尾置于额前作为刘海，注意刘海要自然并能修饰脸形。

　　　　　　3.利用抽丝和倒梳的手法打造出蓬松、随意的发型。

配　　饰：　精致珠花头饰。

Step 01

将卷烫好的头发梳理开。取头顶中间部分的头发并倒梳，然后将其固定在头顶。

Step 02

将头顶中间部分的头发固定好后，取发尾，以固定点为起始位置继续倒梳。

Step 03

将倒梳后的头发向额前固定，以打造出头顶饱满的效果，同时留发尾于额前，作为刘海。

Step 04

将后方剩余的头发平均分成两份，分别以二加一编发的手法将头发编成发辫。将两条发辫向上拉，交叉固定于头顶，将发尾留在头顶处。

Step 05

用20号电卷棒将后发际线处的碎发卷出漂亮的弧度，以打造出零散飘逸的感觉。

Step 06

对所有的头发进行抽丝，使头发蓬松、有线条感、衔接自然，然后喷发胶定型。

2.10

轻复古造型及饰品搭配

轻复古造型是俏皮与高贵的结合，饰品可以选用珍珠、礼帽等。

造型手法： 倒梳，翻转卷筒。

注意事项： 1.造型前要确保头发顺滑。

2.翻转时注意控制弧度，而且注意使头发衔接自然。

配　　饰： 珍珠头饰。

Step 01

以双耳经头顶的连接线为界，将头发分为前、后两个区，然后将前区的头发中分，将所有头发共分为三个区。将后区的头发扎成高马尾。

Step 02

用梳子将马尾上端的头发倒梳，力度要均匀，然后将头发表面梳理光滑。

Step 03

将倒梳后的头发向前拧转并固定于头顶，形成有弧度的发包，将发尾放于左侧。然后用鸭嘴夹将其固定，喷发胶定型。

Step 04

取二分之一的发尾，将其向右侧翻转并固定，以遮盖橡皮筋。注意将其与之前的发包的右边缘衔接，保持自然弧度。

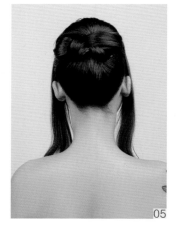

Step 05

将剩余的二分之一发尾向左侧翻转，打圈并固定，使其与之前的发包的左边缘衔接。将操作后剩余的发尾继续打圈，翻转并固定。将发尾藏于发包的内部，形成自然弧度，然后喷发胶定型。

Step 06

将前区左、右两侧的头发用电卷棒分别向后做轻微的外翻卷处理。

Step 07

用梳子将左侧的头发向前推出自然的弧度，然后喷发胶，用鸭嘴夹固定。对右侧用同样的手法处理。

Step 08

将前区两侧的发尾以交叉的方式从下至上环绕发髻。把发尾固定在发髻与下方头发的缝隙处，以便于隐藏。

Step 09

调整整体发型，从耳边拉出少量发丝，以增加灵动感，然后喷发胶定型。

造型手法： 翻转，卷筒，倒梳，拧包。

注意事项： 1.为了让头顶看起来饱满，需要将顶部的头发倒梳，以增加蓬松度。

2.整体发型是比较规整的，所以要注意把头发表面梳顺，尽量不要有碎发。

配　　饰： 珍珠头饰，礼帽。

Step 01

将烫好的头发梳理开。将刘海四六分，然后用橡皮筋固定右侧刘海。

Step 02

将右侧刘海向内翻转打圈，做成好看的弧度。用鸭嘴夹将其固定，喷发胶定型。

Step 03

将刘海剩余的发尾继续向内翻转打圈，将其固定在耳前方位置。

Step 04

取顶区的头发，将其倒梳，以增加发型的饱满度。

Step 05

将倒梳后的头发的表面梳理光滑。将倒梳的头发及后区两侧的头发向枕骨位置下方拧转，然后往上轻推并固定。

Step 06

取右侧剩余的头发，将其向外翻转成发卷并固定。

07

Step 07

继续对发尾进行翻转并固定。注意每次取发要均匀，绕出的发卷弧度和大小要保持一致。将右侧剩余的头发用同样的手法处理。

08

Step 08

以同样的手法处理左侧的头发。后区的发卷呈横挂的月牙形。

09

Step 09

第一排月牙形完成后，将剩余的发尾用同样的方式向上翻卷，紧靠第一排进行固定。

10

Step 10

将所有头发都翻卷完成以后，对整体发型做出适当的调整，使发卷之间衔接自然。最后喷发胶定型。

2.11

复古经典造型及饰品搭配

复古元素中可以加入摩登的气息，饰品可以选用珍珠、礼帽、丝绒缎带等。

造型手法： 卷筒，翻转，手推波纹。

注意事项： 1.造型前将头发处理顺滑。

2.翻卷时注意发卷要衔接自然。

3.波纹的大小要根据新娘的气质和脸形来定，小波纹更复古。在做手推波纹时会用到鸭嘴夹，注意定型后要隐藏夹痕。

配　　饰： 珍珠头饰。

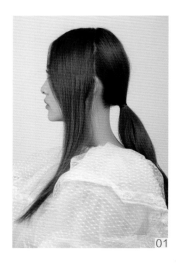

01

Step 01

以两耳经过头顶的连接线为界,将头发分为前、后两个区,然后将前区的头发中分。将耳后的头发扎成马尾,固定在颈后位置。

02

Step 02

将扎好的马尾分为两段,在中间用橡皮筋固定。将发尾平均分为两份,分别编成三股辫。

Step 03

将马尾的中部向上卷,形成一个横向的卷筒,将其固定于颈后位置。

03

Step 04

将马尾下方的发辫分别从左右两侧缠绕至卷筒的固定处,起到衔接的作用,同时打破视觉上的单调感。

04

05

Step 05

用25号电卷棒将前区两侧的头发横向烫卷。

06

Step 06

将左右两侧耳朵上方的头发用手和梳子做手推波纹。将其用鸭嘴夹固定,并喷发胶定型。

Step 07

继续将发尾打圈翻转并固定,使两侧的发卷与脑后的卷筒自然衔接。注意每个发卷的弧度要均匀,发卷要错落有致。

07

Step 08

检查整体发型,梳理碎发,并做出适当的调整,使头发自然、伏贴。取下鸭嘴夹,再次喷发胶定型,并佩戴头饰。

08

造型手法： 翻转，卷筒，拧包。

注意事项： 1.要保持头发表面干净、规整。

2.该发型没有在前额处留刘海，可以利用鬓发来对脸形进行修饰。

配　　饰： 红色丝绒缎带。

Step 01

将刘海中分，把右侧刘海区的头发梳理顺滑。

Step 02

用发蜡棒均匀涂抹刘海，梳理碎发，使刘海平顺、有光泽。

Step 03

将右侧刘海以打圈的手法向前翻转，卷成饱满的发卷。将其用鸭嘴夹固定，并喷发胶定型。

Step 04

对左侧刘海以同样的手法打圈，翻转并固定。注意保持头发表面平整、光滑。

Step 05

在头顶位置取一片头发，用均匀的力度倒梳，然后将头发的表面梳理光滑，以打造蓬松感。

Step 06

将倒梳的头发及两侧的头发向顶骨下方拧转，然后向上轻推并固定，以形成一个小发包。

Step 07

在右侧取一小片剩余的头发，向外打圈，翻转成发卷并固定。

Step 08

继续取头发，将其打圈，翻转成发卷并固定。注意要保证每个发卷的弧度均匀，大小一致。

Step 09

将所有的发卷在颈后连成一排,形成一个横向的月牙形。

Step 10

取少量鬓发,稍加整理。用眉毛定型液将鬓发梳理出弧度。

Step 11

将头发定型后取下鸭嘴夹,然后佩戴复古风格的发饰。完成造型。

2.12

极简俏皮编发及饰品搭配

整体造型俏皮而有亲和力,像邻家妹妹一样可爱温暖。发型蓬松、柔和、随意而自然。饰品可以选用头纱、珠花等。

技法解析案例1

造型手法： 三股编发，抽丝。

注意事项： 1.编发辫时，取发要均匀，发辫要松紧有度。

2.抽松和抽丝要使整体发型协调，乱而有序。

3.注意刘海的弧度。

配　　饰： 珠花头饰。

Step 01

用20号电卷棒将头发以向上外翻的手法烫卷。烫好之后保持发卷的纹理，不要梳理开。在头顶取一片头发，扎成马尾。

Step 02

将头顶的马尾编成三股辫并抽松。

Step 03

将发辫缠绕并固定在头顶，形成花苞的形状，并对其做一些细节上的调整。

Step 04

用20号电卷棒将刘海卷出好看的弧度。注意刘海的下边缘要高于眉毛，这样会显得更加俏皮。

Step 05

再次用20号电卷棒将鬓发和四周飞扬的发丝不规则地夹卷，使发型更加灵动。

Step 06

检查整体发型，适当抽丝，使发型更加自然而有层次。对发型喷发胶定型。

技法解析案例2

造型手法： 三加二编发，拧绳，抽丝。

注意事项： 1.保持头发的蓬松度，可以在编发的同时进行抽丝。

2.刘海的卷度比上一个案例稍小一些。

配　　饰： 由珍珠点缀的头纱。

Step 01

在头顶取发片，以三加二编发的手法编三股加辫。一边编发一边抽丝，然后用发卡将发辫固定在枕骨上方。

Step 02

在左侧取少量头发，拧成两股辫。将其抽松后用发卡横向固定。

Step 03

在右侧同样取少量头发，拧成两股辫。将其抽松，并与左侧的发辫固定在一起。

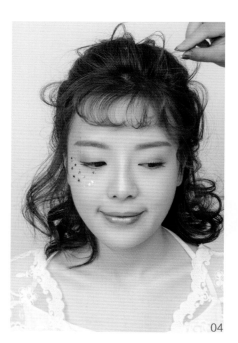

Step 04

对顶区的头发进行抽丝处理，发丝可以稍微拉得夸张一些，以凸显灵动俏皮感。

Step 05

调整发型。用电卷棒将碎发再次烫卷，然后喷发胶定型。

Step 06

戴上俏皮款的头纱。完成造型。

2.13

轻奢高贵卷发及饰品搭配

整体造型让人感觉高贵奢华，发型蓬松自然。饰品可以选用珍珠、缎带、皇冠等。

造型手法： 卷筒。

注意事项： 注意头发的卷度以及发卷的位置，整体造型要干净、简单、大气。

配　饰： 丝绒缎带。

Step 01

将头发梳理得干净、整齐。用25号电卷棒将头发以向上外翻的手法烫卷。卷好以后，保持发卷的纹理，不要梳理开。

Step 02

继续用电卷棒分层卷发。注意发卷的高度和大小要一致，每层头发要衔接自然。

Step 03

将头发在电卷棒上只卷一圈，烫卷的时间要根据发质来决定。

Step 04

梳理卷发，使头发的卷度适中。将多余的发丝用发胶固定，尽量不要有碎发。

Step 05

调整整体发型，然后喷发胶定型。系上缎带，作为点缀，在头顶合适的位置将其打结，让整体造型看起来高贵、典雅。

造型手法： 手推波纹，卷筒。

注意事项： 卷发的弧度要合适，手推波纹的弧度不要太大。

配　　饰： 珍珠头饰。

Step 01

将刘海区的头发三七分。把右侧刘海区的头发梳理光滑，用梳子挑高，并用鸭嘴夹固定。

Step 02

用梳子将头发梳理光滑，并打造出一个好看的波纹弧度。

Step 03

将做出的波纹用鸭嘴夹固定，然后喷发胶定型。

Step 04

在头顶位置取一片头发并倒梳，使头发看起来更加饱满。

Step 05

在右侧取一片头发，将其向里卷起，隐藏发尾，然后用发卡固定。

Step 06

接着取邻近的一片头发，将其向外卷起并
向上拉，卷出好看的弧度，并用发卡固定
在耳后的位置。

Step 07

在后颈处取一片头发，将其向外卷成发
卷，与右侧发卷的高度一致，使发卷之
间衔接自然，并用发卡固定。

Step 08

将左侧剩余的头发向里卷起，隐藏发尾，用发
卡固定。

Step 09

用梳子将左侧的刘海梳理出好看的弧度，
用鸭嘴夹固定，喷发胶定型。

Step 10

待发胶干后，取下鸭嘴夹。检查整体发型
并做适当的调整，注意隐藏发卡。

延伸轻奢高贵盘发造型

造型手法： 倒梳，拧包。

注意事项： 倒梳时力度要适中，使发型蓬松、自然，整体发型简单、大气。

配　　饰： 水晶皇冠。

01

02

03

Step 01

以两耳后到头顶的连线为界，将头发分为前、后两个区。将后区的头发向左侧拧成发包，用发卡固定。

Step 02

将卷好的头发的发尾上拉，将其前侧倒梳，使其蓬松。

Step 03

将发尾打圈，用发卡固定在头顶处。

04

Step 04

将前区左侧的头发倒梳后向后固定，使其发尾和头顶的发尾结合。

Step 05

将前区右侧的头发倒梳后向后固定，使其发尾和头顶的发尾结合。

Step 06

将剩余的头发倒梳后从上往后固定，将其发尾与头顶的发尾结合，注意衔接要自然。

Step 07

调整整体发型，对顶区的头发进行抽丝处理，使发型的弧度自然，然后喷发胶定型。

05

06

07

2.14

可爱创意盘发及饰品搭配

高挑的造型可以修饰脸形，也可以使新娘显高，同时能营造出可爱的感觉。饰品可以选用珍珠、鲜花等。

技法解析案例

造型手法: 扎马尾,卷筒。

注意事项: 1.发卷表面要干净。将面部周围的发丝打造出灵动飘逸的效果。
2.搭配空气刘海。

配　　饰: 珍珠头饰。

Step 01

用20号电卷棒将所有的头发以竖向外翻的手法烫卷。卷好之后，将头发扎成马尾，固定在头顶左侧。

Step 02

将头顶的马尾平均分为两份，并取一小束中间的头发备用。将右侧的一份头发卷成卷筒，固定于头顶。

Step 03

将另一份头发用相同的手法反方向卷好并固定于头顶。将头发整理成蝴蝶结的形状。

Step 04

将备用的一束头发从"蝴蝶结"中间向上绕过，并固定于"蝴蝶结"的后方。

Step 05

再次用20号电卷棒将鬓发和其他飞扬的发丝卷出好看的弧度，使造型更加灵动，然后喷发胶定型。在"蝴蝶结"中间佩戴珍珠头饰。

2.15

新中式秀禾造型及饰品搭配

中式秀禾服以红色为主，整体造型应突出东方传统女性的典雅以及婚礼的喜庆。饰品尽量选择金色饰品、流苏吊坠等。

技法解析案例1

造型手法： 手推波纹，翻转，卷筒。

注意事项： 造型前要确保头发顺滑，造型时注意头发的衔接和定型。

配　　饰： 金饰。

Step 01

以两耳后经头顶的连接线为界，将头发分为前、后两个区，然后将前区的头发三七分。用23号电卷棒将前区的头发烫卷。

Step 02

根据卷烫的弧度，用梳子将前区右侧的头发推出干净而整齐的波纹。然后用鸭嘴夹将其固定，并喷发胶定型。

Step 03

将一个波纹固定好后，再推出下一个波纹。用鸭嘴夹分别从前后进行双向固定，这样打造出的波纹才更稳固。

Step 04

在后区头顶处取一片头发，将其内部倒梳，以达到增加发量的效果。

Step 05

将后区头发的表面梳理光滑，在后颈处用橡皮筋扎一条低马尾。

Step 06

将马尾提起，形成弧度，把尾部头发梳理光滑。在距离发尾三分之一的位置用橡皮筋固定。

Step 07

将马尾以向上外翻的手法卷成卷筒，将其固定在后颈处。将发卷横向拉开，使发卷的宽度与两耳间的距离一致。

Step 08

将前区右侧头发的发尾向外翻转并固定于耳后上方，然后喷发胶定型。

Step 09

将剩余的发尾依次沿着后区发卷的上边缘打圈，翻转并固定，使形成的发卷大小均匀。

Step 10

将前区左侧的头发以同样的手法打圈，翻转并固定。

Step 11

检查发型，梳理碎发，然后取下鸭嘴夹。注意隐藏发卡，喷发胶再次定型。

技法解析案例2

造型手法： 编发，假发的运用。

注意事项： 1.发辫衔接要自然。

2.选择与新娘发色相近的假发，使假发与真发完美结合。

配　　饰： 中式复古饰品。

Step 01

将头发梳理光滑，然后将所有头发分为前、后两个区，并将前区的头发中分。接着用25号电卷棒将前区的头发外翻烫卷。

Step 02

将后区的头发分成三个区：以黄金点为界分为上、下两个区，然后将下区的头发平均分为左、右两部分。

Step 03

将下区的两部分头发分别编三股辫。注意取发时每股头发的发量要均匀。

Step 04

把上区的头发放下。然后把后区编好的发辫分别沿着耳后向头顶缠绕并固定，遮盖头顶的分界线。

Step 05

将前区的散发及上区的散发收拢，平均分成左、右两股头发。然后将两股头发分别编三股辫，注意取发要均匀。

Step 06

将发辫左右交叉，将右侧的发辫沿左侧耳后方缠绕并固定，将其紧挨在步骤04中缠绕的发辫旁边，让造型看起来更饱满。

Step 07

将两条发辫有层次地衔接，使发型呈现出线条感和层次感。

Step 08

同样将左侧的发辫沿右耳后方缠绕并固定，注意左右发辫的弧度要保持一致。

Step 09

在前区的分界线处加入一个中式刘海假发，以遮盖分界线。隐藏发卡并整理碎发，然后喷发胶定型。佩戴头饰，装饰造型。

2.16

新中式古风造型及饰品搭配

古风造型也可以称作新中式风格。中国的古典元素也能和婚纱很好地搭配起来，既可展现婚纱的婀娜多姿，又可展现古典的端庄优雅，还能凸显女人独特的气质和韵味。配饰的色彩不宜太夸张，适合素雅的色调，可以选用银饰或珠花类的饰品。

造型手法： 假发的运用。

注意事项： 用真假发各完成一部分造型，前区用真发造型，顶部用假发拉高。尽量用真发包裹假发，在视觉上达到增加发量的效果，让造型看起来立体、真实。

配　　饰： 银饰。

Step 01

以两耳后经顶区的连接线为界，将所有头发平均分成前、后两个区，然后将前区头发中分。

Step 02

在后区顶部取一片发片，将其内部倒梳，使其蓬松。

Step 03

将与发色相近的假发髻固定在头顶处。

Step 04

在后区取左边二分之一的头发，绕着发髻由下至上开始以逆时针方向缠绕，遮盖并加固假发髻的底端。

Step 05

注意头发的表面一定要梳理光滑，将头发缠绕规整。

Step 06

在后区取右边剩余的头发，将其绕着发髻以顺时针方向缠绕，遮盖并加固假发髻的底端。

Step 07

将前区右侧的头发分成三股并用发卡固定在发髻处。

Step 08

将发尾分成两股，拧转成发辫，以顺时针方向缠绕发髻并固定在发髻的底部。对前区左侧的头发进行同样的处理。

09

Step 09

▼

用阴影刷在发际线位置适当涂抹，以修饰脸形。

10

Step 10

▼

检查发型，梳理碎发，并喷发胶定型。

11

Step 11

▼

佩戴头饰。完成造型。

03

手工饰品

巴洛克金色叶子头饰
仙美空气感羽毛花朵
灵动立体珠花饰品
复古丝绒花朵饰品

3.1

巴洛克金色叶子头饰

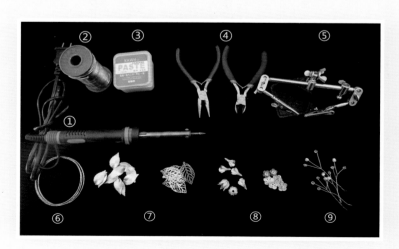

工具和材料:

①电烙铁，②焊锡丝，③松香，④尖嘴钳，⑤支架，⑥铜圈，⑦两种金叶子，⑧金花，⑨水晶珠和珍珠制成的扭珠。

制作的重点:

焊接。

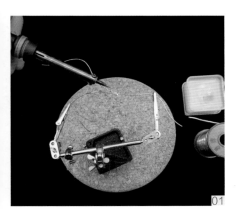

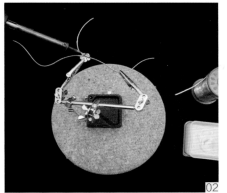

Step 01

剪断铜圈，扭出好看的弧度，用支架固定。用电烙铁将两根铜丝的衔接处焊接好。

Step 02

取平面式的金花，用支架固定在两根铜丝下方的焊接处，用电烙铁进行焊接。注意每次焊接后用松香将电烙铁清理干净。

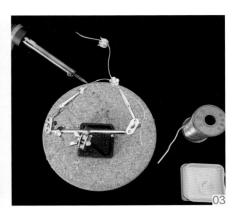

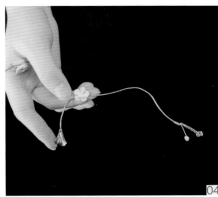

Step 03

取不同形状的金叶子或金花，分别焊接在铜丝的其他位置。

Step 04

将扭珠缠绕并固定在铜丝的一端。

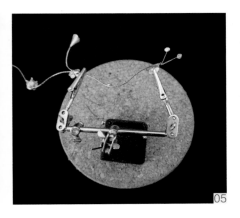

Step 05

在扭珠缠绕位置的下方用支架固定金花，将金花焊接在上面，以遮盖缠绕位置。

Step 06

翻转铜丝，使所有金花和金叶子朝上。以步骤02所焊接的平面式的金花为底座，取五片金叶子，按照花朵的形状进行焊接。

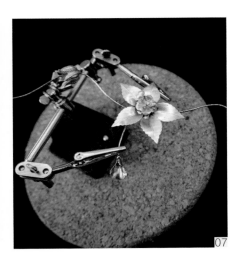

Step 07

将立体的金花焊接在花朵的中心位置，以遮盖焊接处的瑕疵，并且可以增强花朵的立体感。

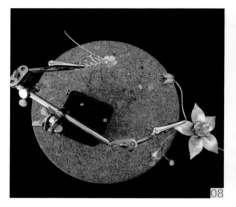

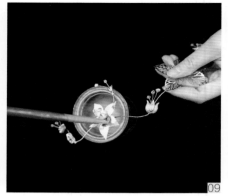

08

09

Step 08

另一处同样以平面式的金花为底座，取五
片镂空的金叶子，以花朵的形状进行焊接。

Step 09

用金色的油漆涂染裸露的银色焊锡，以使
色彩统一。

10

Step 10

最后用胶枪将珍珠粘贴在镂空叶子形成的花朵中心，以遮盖焊接处的瑕疵，也提亮整个金色
饰品，成为点睛之处。

3.2

仙美空气感羽毛花朵

工具和材料：
①剪刀，②各式羽毛，③白铁丝，④纸胶带。

制作的重点：
对羽毛的造型和固定。

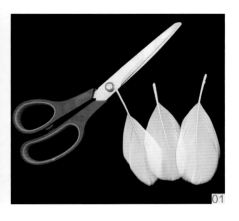

Step 01

用剪刀将羽毛进行适当修剪，使其长度、大小统一，将其修理整齐并备用。

Step 02

将小撮鸵鸟毛与白铁丝合在一起，用纸胶带缠绕并固定。

Step 03

在固定好的铁丝和鸵鸟毛的接头处添加一支羽毛，使羽毛弧度朝外。用纸胶带将它们缠绕在一起。

Step 04

添加第二支羽毛，使羽毛弧度朝外，使其与第一支羽毛之间成120°夹角。

Step 05

共添加三支羽毛，将鸵鸟毛围在中间，构成花朵的形状。继续将铁丝用纸胶带全部缠绕并包裹起来。

Step 06

缠绕好的羽毛花朵立体、灵动而轻盈，可用刀背由下至上刮羽毛梗，使羽毛弯曲的弧度更大，像盛开的花朵。用同样的手法再制作一个。

Step 07

除了用鸵鸟毛作为花蕊，也可以用一些半透明的绢布作为花蕊。此饰品可以使造型更丰富饱满。其颜色可以根据造型的风格来决定。

3.3

灵动立体珠花饰品

饰品的材料:

①0.3mm的铜丝,②1mm的铜丝,③金叶子,
④水晶珠,⑤小珍珠。

制作的重点:

扭珠,缠绕固定。

Step 01

取一段长度为60cm~70cm、直径为1mm的铜丝，将其对折扭曲。

Step 02

在起头和收尾处折成小圆圈，以便于固定发型。

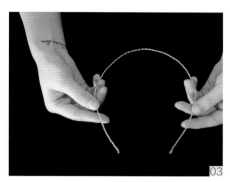

Step 03

将整根铜丝缠绕成双扭造型之后，把铜丝整理成较为规整的发箍形状。

Step 04

取适当长度的直径为0.3mm的铜丝，将珍珠穿在上面。

Step 05

用左手固定铜线的一端，用右手向同一方向扭动珍珠，将其固定。再穿一粒水晶珠，以相同的方式固定。

Step 06

任意搭配珍珠和水晶珠，并固定成树枝状。

Step 07

多做几个树枝状的扭珠，将其分别缠绕到发箍上合适的位置并固定。

Step 08

将金叶子穿于铜线中，将其扭动并固定在发箍上。

Step 09

任意添加金叶子和树枝状的扭珠，以搭配出漂亮灵动的发饰。

3.4

复古丝绒花朵饰品

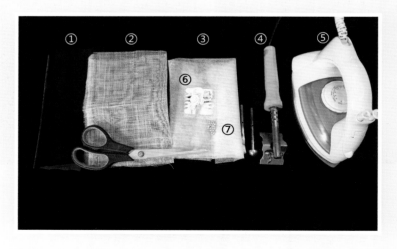

材料和工具：
①酒红色丝绒布，②麻纱，③粘合衬，④烫花器，⑤熨斗，⑥针线，⑦金珠。

制作的重点：
熨烫，丝绒布加厚定型。

Step 01

剪取相同大小的两块丝绒布、两张粘合衬、一块麻纱，重叠放在棉布上备用。重叠顺序从上至下为：丝绒布→粘合衬→麻纱→粘合衬→丝绒布。

Step 02

将叠好的布料用棉布遮盖后，用熨斗熨烫，使其粘合形成一个整体，以增加厚度和硬度，从而更好定型，并且两面都是丝绒布。

Step 03

将制作好的双面丝绒布剪成大小不一的正方形。

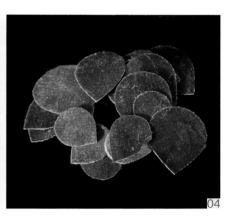

Step 04

将正方形修剪成大小不一的水滴状。

Step 05

用棉布遮盖双面丝绒布，以软泡沫为底，用烫花器将双面丝绒布压烫出弧度。

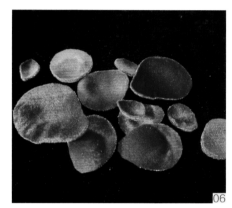

Step 06

压烫之后形成大小不一的花瓣形。

Step 07

按小花瓣在内、大花瓣在外的顺序依次将花瓣用针线穿缝起来，做成花朵的形状。

Step 08

用针线在花心处缝上金珠。

Step 09

用红色的马克笔在花瓣的边缘处涂抹，使整体颜色统一。

04

婚礼新娘跟妆

成为新娘化妆师的三个要素
婚礼前期沟通
轻松实现"星级定制"

4.1 成为新娘化妆师的三个要素

　　新娘化妆师在很多人眼里是一群时尚、轻松、自由、幸福的工作者。是的,我们每天都关注着时尚风潮、流行趋势,陪伴着最幸福的人度过人生中最重要的一天,分享她们关于美好爱情、亲情、友情的喜悦和感动。但是,这不是新娘化妆师的全部。除了这些美好,我们随时都面对着新的挑战。我们是一群热爱孤独的创作者,在前行的路上,执着、勇敢,不怕颠覆传统,创造惊喜,只怕畏葸不前;我们是一群有理想、有温度的行动派,让新娘不只是在婚礼当天引来片刻的注目,更是让人永久难忘。台上一分钟,台下十年功,想要让新娘自信满满、光彩夺目地享受婚礼,我们要花费大量的时间去学习、练习、钻研和尝试。但是我们热爱这一切,并且乐此不疲。

审美·技术

审美能力，是人对美欣赏、品味、创造的能力。新娘的妆容首先应该符合大众审美，贴近真实，扬长避短，提升新娘自身的气质。审美与技术是相辅相成的，就像理想和实力的碰撞，缺一不可。化妆师要灵活运用彩妆造型理念，根据新娘的气质、喜好、婚纱礼服、场地布置来设计新娘专属的妆容造型。

专业·责任

婚礼在大多数人的心中是神圣、浪漫的，人们希望婚礼一生一世一次，无可替代。做完美的新娘是女孩们从小的梦想：身着洁白的婚纱，像个公主一样嫁给深爱的王子。举行婚礼时，新娘的一举一动、一颦一笑都要优雅动人，精致完美。

作为新娘化妆师，我们平凡普通的一天，是新娘人生中最重要的一天，如同生命只有一次，无法重来。无论有任何意外原因，都要保证准时到达婚礼现场；无论外界环境有什么变化，也要将试妆时确定下来的造型完成。整理细节、把控时间、保证婚礼顺利进行、展现新娘完美的一面是我们最基本的责任。要随时在新娘身边保持跟妆状态，注意及时整理新娘的仪容仪表。

在新娘跟妆的过程中，不断地积累处理意外情况的经验，尽量避免意外发生，遇到突发状况时谨慎应对，冷静处理；在平时的学习中，积极探索时尚元素，关注最新流行趋势，但不要盲目跟风，多与不同的化妆师交流——分享也是收获，可以总结自己的化妆造型理念，归纳适合自己的方法；提升必要的专业直觉，能快速并且准确地感受到不同新娘的气质，设计出新娘喜欢并且合适的妆容造型。

4.2 婚礼前期沟通

　　让客户拥有星级服务体验是我们超强的竞争力。细节决定品质。

　　婚礼前期和新娘的沟通是建立彼此信任关系的第一步。闲话家常可以拉近彼此的距离，但是化妆师一定要有清晰的思路，弄清楚需要了解的信息和需要告知新娘的信息。

了解新娘的信息

1. 档期信息：了解婚礼的时间、地址、当地的婚俗习惯。

2. 客户需求：了解新娘对妆面造型的想法和要求。新娘有明确的想法和喜好固然很好，但是在新娘没有太多想法时，需要引导新娘说出自己对妆容造型的想法。例如，可以对比新娘婚纱照的妆容造型，让新娘自己收集一些喜欢的照片，发一些过往新娘造型的照片，让新娘说出喜欢或不喜欢的原因。照片是新娘表达喜好最直接的方式，也可让化妆师更清楚地了解新娘的需求。

3. 礼服筹备情况：了解新娘婚纱礼服的款式，如果还未选择，可以根据新娘的喜好、身材比例，合理地提出建议，展示化妆师的专业性。

4. 客户渠道：要清楚新娘是通过什么渠道了解到我们的，如朋友推荐、网络推广，还是通过杂志等。这样，我们在后期才能提供更好的、更有针对性的服务，也能有针对性地进行宣传和推广。

告知新娘的信息

1. 服务流程：让新娘了解整个服务流程，如初次咨询的时候，告诉她们如何确定档期、试妆前需要沟通的内容、试妆的时间和流程，以及婚礼当天跟妆的服务内容。

2. 团队介绍和自身理念：很多新娘初次咨询是通过网络进行沟通的，而且可能是在婚礼前一年或者半年的时间，我们并不能及时安排试妆，也无法让新娘更直观地了解我们的实力和技术，所以在沟通中很重要的一项就是理念的介绍。理念的形成包括化妆团队的审美、技术和风格。理念也可以让新娘了解你的价值，给客户信任你的理由。

3. 作品展示：根据客人的描述、喜好，选取优质的作品展示给客户。化妆师最重要的就是作品，不要把自己用手机拍的花絮照片当作作品。如果化妆师自己对作品都没有要求，那么如何让客户信任和满意呢？那些成功的化妆师，他们在微博、App等媒体上发布的作品，不都是专业照片或视频吗？所以，重视自己的作品，从现在开始！

4. 服务内容和价格：让新娘清清楚楚地消费，对每一项服务内容、服务价格都沟通仔细，让客户没有后顾之忧，没有隐性消费。

4.2.1 试妆最佳时间和细节步骤 •······································

    试妆最佳时间是婚礼前的二十天左右。为什么选择这个时间点呢？首先，新娘已经确定好了婚纱、礼服，以及场地布置的设计；其次，新娘的身材、发型颜色和长度、皮肤状态都与婚礼当天比较接近，而且化妆师的化妆品和饰品也是最近更新的。因此，这个时候试妆才能得到最真实的效果。

    婚礼前四周和新娘约定试妆的时间和地址，告知新娘试妆的温馨提示，让试妆达到最好的效果。

    当新娘到达试妆地点后，首先与新娘再次沟通对妆容造型的想法，看看和最初的想法相比是否有变动。要了解新娘有没有特殊的情况（如怀孕等），最重要的是了解新娘有没有任何皮肤过敏史。另外，可以通过闲聊来了解新娘的性格、职业、圈子，这也能帮助化妆师更好地把握新娘的造型。

准备开始试妆，这时需要注意以下几点。

第1点，化妆师要注意摆台。

    养成一个好的摆台习惯对于化妆师来说很重要，就像你去高级酒店吃饭，他们不仅会将餐具擦拭得干净剔透，摆放整齐，还会在桌子中间放一些鲜花装饰。一些小细节会在无形中使人感受到舒适，彰显高品质。化妆师也是如此，干净整洁的摆台不仅可以展示自己的化妆品、化妆工具，同时也会让客人觉得专业，而且还可以节省化妆时间。

第2点，化妆师要清洁双手。

面部对于每一位新娘都是极为重要的，需要时刻珍惜。化妆师无论双手有多干净，也尽量在新人面前完成洗手的程序，让客人感受到你的专业和细心，这也是化妆师化妆前的良好习惯。虽然化妆师一般不会用手接触新娘的皮肤，但是在化妆的过程中触碰在所难免。在清洗双手后应快速涂抹护手霜。新娘脸部皮肤娇嫩，化妆师只有保持双手滋润，才能在接触到新娘的皮肤时，不会让新娘有粗糙、不适的感觉。

*口罩：是否戴口罩是一个很有争议的问题，戴口罩无疑会更加干净、卫生，但是也会让化妆师和新娘之间产生距离感，显得不够亲近、舒适。所以，我们的建议是可以不戴口罩，但是事前需要做口腔清洁，并且说话时尽量和新娘保持一定距离。

第3点，护肤三部曲——洁肤、爽肤和润肤。

新娘面部的清洁、补水和滋润是非常重要的。打造底妆前，大量的护肤工作是必不可少的，要让底妆水润透亮、有光泽，并且伏贴。选择清洁品和护肤品时，温和、防过敏是关键。

第4点，关于化妆。

在化妆的过程中，每一个步骤都需要咨询新娘的意见。应告知新娘试妆是一个沟通的过程，有任何想法都可以随时调整，如底妆的厚薄、眉毛的形状、眼妆的风格等。随时沟通，给新娘建议，争取最后的定妆能达到最好的效果，让新娘满意。

第5点，关于造型。

婚礼中有接亲、回门、外景、迎宾、仪式和敬酒等环节，不同环节适合不同的造型。婚礼一整天的造型变化也代表着新娘从女孩到人妻的成长过程。每一个环节建议尝试一两种造型，让新娘有选择的余地，从而不留遗憾。

第6点，关于定妆。

每一个妆面和造型都应该拍照记录下来。在所有试妆完成后再与新娘一起翻看照片，确定无误后，定妆就基本完成了。最后可以根据新娘的实际情况给新娘一些保养的建议，以确保婚礼当天的妆容造型更加完美。

4.2.2 除了化妆造型，我们能做得更多 ·

婚礼前的温馨提示

● 试妆后详细记录新娘的妆面风格、造型、饰品、睫毛型号、皮肤状态等相关信息。

● 婚礼前一天给新娘温馨提示。除了标准的提示，还要根据之前的记录有针对性地表示关心。

● 婚礼前一天再次和新娘确定化妆时间、地址，以及新娘的联系方式。

● 婚礼当天准备的急救包中要有以下物品：

  针线包、安全别针、发卡、小梳子

  医药包（创可贴、防中暑药、抗胃酸药）

  鞋贴（防止脚部起泡）

  眼药水、备用隐形眼镜

  备用药水、卫生巾

  去渍笔、止汗喷雾

  瓶装水的吸管（防止新娘喝水时弄花口红）

  饼干、巧克力等零食

  纸、笔

  纸巾、湿巾

4.3 轻松实现"星级定制"

4.3.1 新娘婚礼妆容造型和婚纱照妆容造型的区别

我们一般会在试妆的时候主动和新娘聊到婚礼和婚纱照妆面的区别，因为大多数新娘都是第一次结婚，婚纱照一般是在试妆前拍摄的，所以新娘难免会在心中有所比较。另外，可以通过新娘对婚纱照的评价，更直观地了解新娘的需求，并且与她沟通我们对新娘婚礼妆容造型的理念和想法。

区别一：底妆

婚礼妆容造型：整体底妆干净通透，轻薄而有光泽，局部遮瑕，轮廓修饰尽量自然。婚礼当天，新娘会与来宾们近距离接触，不适宜打造过于厚重的妆感，以免让人觉得浓妆艳抹，有距离感，不真实。

婚纱照妆容造型：根据实际摄影风格的需要，配合灯光，可以加重底妆，尽量遮盖皮肤的瑕疵，加强对轮廓的修饰，以最后照片的美感为主。

区别二：眼妆

婚礼妆容造型：眼妆精致，眼线流畅饱满，内眼线尤为重要，要使眼睛明亮而有神。假睫毛最好采取嫁接式贴法或分段式贴法，以使睫毛自然卷翘，根根分明。

婚纱照妆容造型：注重对眼部轮廓的修饰，眼线流畅饱满，可以根据需求调整眼睛的形状。假睫毛可以整片粘贴，也可以使用创意假睫毛或彩色假睫毛来配合整体妆容风格。

区别三：发型

婚礼妆容造型：发型要温婉大气，经典而不过时，360°无死角，饰品搭配得当，能起到画龙点睛的作用。发型的持久性及稳定性、梳理发型的时间等，这些都是需要考虑的因素。

婚纱照妆容造型：发型可以只考虑拍摄面的效果。对于不同风格的婚纱照，可以大胆创意，小心创作，以求达到完美的摄影效果。

当然，以上列举出来的只是一些比较明显的区别，还有更多的细节值得深入探讨。

4.3.2 一定要满足的"五感" •••

● 轻妆感：新娘婚礼妆容一定要有光泽、轻薄、自然、温和、柔美，能提升新娘本身的气质和五官的质感，使妆感细腻精致，使新娘成为全场的焦点。

● 明星感：所谓明星感，除了光彩照人、艳压群芳之外，也代表着独一无二，私人定制。专业化妆师一定要根据新娘自身的气质、婚纱礼服的款式、新娘的喜好、婚礼现场的布置来为新娘量身设计妆容造型。手工饰品也是提升唯一感的必备良器。

● 幸福感：很多新娘在婚礼前或婚礼中难免紧张焦虑，疏导情绪也是化妆师的责任之一。为了让新娘拍出的照片是自然而有美感的，应该让新娘随时保持微笑，尽情享受婚礼。

● 减龄感：无论是温婉优雅，还是复古经典，或是清新自然，任何风格，新娘都不希望画出来的妆面过于老气。良好的妆感，合适的眼形、眉形、唇妆，以及轮廓，都可以达到"减龄"的效果。

● 安全感：外在的安全感是指化妆师对妆容造型的维护。化妆师一定要随时在新娘的视线范围内，以便随时补妆、调整发型。内在的安全感是指新娘本身对妆容造型的满意和认可，以及愿意展示自我的信心。

05

化妆刷相关知识

化妆刷的基本认识和选择
化妆刷的清洁与保养

5.1 化妆刷的基本认识和选择

5.1.1 常见的刷毛材质 •

　　刷毛是一把化妆刷的灵魂，它的好坏决定着化妆刷的质量。刷毛会与脸部大面积接触，因此上脸的舒适度尤为关键。刷毛的材质也与化妆刷的功能密切相关。

　　化妆刷的刷毛主要分为两类：动物毛和人造毛。粉质的化妆品通常配合动物毛刷使用，因为动物毛的抓粉能力更强，质感柔软；而膏状、液态的化妆品通常配合人造毛刷使用，因为人造毛质地更硬，方便精细操作。

　　动物毛主要包括黄狼毛、灰鼠毛、松鼠毛、山羊毛、貉子毛、马毛、獾毛、獖子毛、猪鬃等。接下来简单介绍一下这些材质。

　　1. 黄狼毛：也称貂毛，算是顶级刷毛。一般用来制作眼影刷和唇刷，其柔软度和弹性都非常棒。

　　2. 灰鼠毛：高档毛，光泽度好，其特点是毛根粗，毛梢细，非常柔软，但弹性略差，比较适合制作大面积上妆的刷具，不太适合制作精细的刷子。

　　3. 松鼠毛：也是比较高档的毛刷材质，细腻柔滑是它最显著的特点。其毛根非常粗，单独制作刷具会使得毛刷部分稀疏单薄，因此通常会与其他材质混用。

　　4. 山羊毛：作为最为普遍的毛刷材质，山羊毛绝对是很多人的心头好，不过它也是分等级的，共有二十多种。下面分享几种常见的。

　　（1）细光峰羊毛：是顶级的，质感和价格都直追灰鼠毛。

（2）中光峰羊毛：是仅次于细光峰羊毛的材质。

（3）白尖峰羊毛：次于中光峰羊毛，毛峰细又直，也算是比较高档的羊毛。

（4）黄尖峰羊毛：算是中等偏上的羊毛材质，柔软度不及上面三种。

（5）黄白尖峰羊毛：顾名思义，就是在白尖峰和黄尖峰中间地带游走的那一类羊毛。

（6）双齐羊毛：比较低档，毛很粗且没有毛峰。

（7）单齐羊毛：与双齐羊毛差不多。

5. 貉子毛：高档毛，毛质柔软，经常用来制作余粉刷。

6. 马毛：是仅次于羊毛的普遍毛刷材质，其特点是毛质柔软，但弹性较差。与羊毛一样，马毛也是分等级的。

7. 獾毛、猸子毛、猪鬃：将这三个归到一起，是因为它们通常都用于制作眉刷。

5.1.2 选择化妆刷的技巧

1. 刷毛的触感要柔软、平滑，结构紧实、饱满。

2. 用手指夹着刷毛，轻轻向下梳理，检查刷毛是否容易脱落。

3. 将化妆刷轻按在手背，轻轻转动，使刷毛呈半圆形，检查刷毛的剪裁是否整齐。

5.2 化妆刷的清洁与保养

　　新的化妆刷一定要先用清水清洗一次，因为化妆刷在生产、运输和销售等过程中会沾染上一些灰尘，同时，刷毛在染色的过程中也会留存一些浮灰和没有清除干净的短毛、断毛。第一次清洗的目的是要洗去这些会影响皮肤健康及使用感受的杂质。

化妆刷好比我们的头发，需要好好护理，它才能保持柔顺、亮丽。刷毛干净才能打造出整洁而完美的妆容。

化妆刷由于用途和材质的不同，清洗的频率也不一样。含油量高的彩妆品使用的刷具，清洗的次数要频繁。因为油脂残留很容易附着脏污，滋生细菌，会使化妆刷在使用时显色越来越脏，并危害肌肤的健康，所以在清洁上就要更勤快。

动物毛化妆刷：配合干粉质地的化妆品来使用，如散粉刷、腮红刷、眼影刷等。不宜经常水洗，否则会破坏毛质。在使用频率较高的情况下，二至四周可以干洗一次，一个月可以水洗一次。

人造毛化妆刷：配合液体和膏状化妆品来使用，如粉底刷、眼线膏刷等。适合水洗，用清水和洗刷液配合清洗。

以下为水洗和干洗的方法。

1.水洗：用清水和洗刷液清洁。

（1）浸湿刷毛（注意用手抓住刷子的口管和刷毛的接合部位，不要沾水），让刷毛朝下。

（2）将洗刷液倒于手指上，用指尖顺着刷毛的方向轻轻向下捋，直至完全洗去刷毛上化妆品的残迹。

（3）用大量清水清洗毛刷，并用干净的水盆完全清理刷毛中残余的洗刷液。

（4）取几张纸巾或一条吸水性好的毛巾，覆盖刷毛，按压几次，尽量吸干水分。将其平放于通风处晾干即可。

（5）用手轻轻揉捏晾干的化妆刷，用手指轻弹刷毛，使其恢复蓬松的状态。

注意

①要自然风干刷毛，不可以用吹风机吹干，也不可放在太阳底下晒干，否则会伤到刷毛。

②水尽量不要沾到刷柄连接处的木柄，否则很难晾干，而且容易造成化妆刷松动。化妆刷包口粘合部分尽量不要沾水。

③一定要顺着毛发生长的方向清洗，否则会损伤毛质。

2.干洗：用散粉活爽身粉清洁。

每次用过化妆刷之后，在桌上铺纸巾，将散粉或爽身粉撒在纸巾上，然后用化妆刷顺着毛发生长的方向擦拭，以去除残粉。清洁时一定要轻柔，直到化妆刷在干净的纸巾上刷不出来颜色为止。

注意

尽量不要用颜色过深的散粉或珠光的散粉。